JN280810

イノモト和菓子帖

もくじ

わがしとわたし

春の野　一

春の路　二

菜種きんとん　三

餅花金平糖、わらび　四

雛菓子　笑顔、花橘、西王母、草の春　五

桃カステラ　六

貝尽くし　七

貝ちょっき　八

雛菓子　九

志満ん草餅　十

嵐山　さ久ら餅　十一

蝶々、吉野　十二

桜の園、花団子　十三

さくら、さまざま桜、桜花、散桜、すみだ川　十四

花見団子　十五

二人静　十六

鶴乃子　十七

鳰の浮巣　十八

養生糖　十九

小鯛焼　二十

たい菓子　二十一

青楓、水　二十二

岩根の錦　二十三

本饅頭　二十四
水仙粽　二十五
真砂糖、流れ水、観世水、楓、流水　二十六
御所氷室　二十七
かゞり焼鮎、丸水　二十八
特製きんつば　二十九
紫陽花餅　三十
清浄歓喜団　三十一
したゝり　三十二
葛ふくさ　三十三
かいちん　三十四
水羊羹　三十五
蓮子餅　三十六
水まんじゅう　三十七
笹巻き麩　三十八
青葉蔭　三十九
空也もなか　四十
瓢々　四十一
着せ綿　四十二
菊寿糖、野菊　四十三
風流団喜　四十四
加茂みたらし団子　四十五
古賀音だんご　四十六
道祖神　四十七
しほみ饅頭　四十八
御鎌餅　四十九
豆大福　五十

銀杏　五十一
つた、落花生　五十二
黒松　五十三
春日の豆　五十四
生姜甘納豆　五十五
萩乃薫　五十六
薄紅　五十七
二十世紀　五十八
柿じょうよ　五十九
芋羊羹　六十
やき栗、野路の里　六十一
きつね面、松ぼっくり、栗きんとん　六十二
小男鹿　六十三
柴の雪　六十四
飛鳥の蘇　六十五
わらび餅　六十六
そば餅　六十七
柚こゞり　六十八
柚子　六十九
かぼちゃ　七十
織部まんじゅう　七十一
越乃雪　七十二
あわ雪　七十三
雪餅　七十四
うすらひ　七十五
千里の風　七十六
ポインセチア　七十七

ホワイトクリスマス　七十八
松の雪　七十九
千代結び、松葉　八十
千代の糸　八十一
福徳せんべい　八十二
「福よ、来い！」　八十三
やぶこうじ　八十四
若竹、笹　八十五
ごんぼ餅　八十六
葩餅　八十七
福寿草　八十八
水仙　八十九
山田屋まんじゅう　九十
侘助椿　九十一
寒椿　九十二
椿もち　九十三
だまこ餅　九十四
三冬饅頭　九十五
梅の羊羹、石衣の梅、福梅、紅梅、雪中梅、光琳梅、梅が香、福梅、梅　九十六
梅干　九十七
白露ふうき豆　九十八
満寿満壽、福ハ内、豆らくがん　九十九
おかめまんじゅう　一〇〇
うぐいす、紅梅　一〇一
和菓子用語
索引
あとがき

わがしとわたし

東京駅から新幹線に乗って20分もすると、山や田んぼや畑の緑色が車窓いっぱいに広がる。ビールを片手にボーッとそれを眺めているとき、旅をしているな、と実感する。

数年前、和菓子の写真を撮るため月に一度ぐらいずつ京都へ通ったことがあった。通い慣れた路線であれば、なんとはなしに見覚えのある風景に加わる色みで、窓越しに季節を知ったりする。

京都へ向う途中、米原駅にさしかかるとヤンマーディーゼルの工場が左手に見え、ややあると小高い山の中腹に掲げられた平八茶屋という看板が目に入る。

春ならこの看板は、草の若々しい緑色とたんぽぽや菜の花のおおらかな黄色に彩られる。夏は木々の濃い緑色、初秋はコスモスのピンク色、晩秋は紅葉の赤さに、そして冬は真っ白な雪に。

いくどとなくこの小山の前を通り過ぎ、あっ、これって、時どきの野や山の草花の色合いに染めたきんとんと同じだ、ということに気づいた。巨大なきんとん。それ以来私はこの小山を、きんとん山と呼んでいるんですが。

そして京都に着いてから和菓子屋さんを訪ねると、ここでさっき見たばかりのきんとん山の色のお菓子を見つけることになる。

草花は、年どしの寒暖のきまぐれで桜が狂い咲いたり、むくげが返り咲きしたりするけれど、それはそれでドラマチックな季節感がある。栽培種においては、もういつが春やら冬やら、怒濤の季節とでもいいましょうか。でも和菓子は律儀な季節感でもって、今はこういう時なんですよ、とそっと教えてくれるような奥ゆかしさがある。

　私は子供のころからケーキやクッキーより、おまんじゅうや羊羹が好きだった。かのパティスリー王国フランス・パリに10年ほど住んでいたときでさえ、しょぼい日本食料品店で買えるどら焼きがありがたかった。高校生のときにみたらし団子の大食い競争をして、10本食べたこともあった。葩餅が食べたくて、新年が待ち遠しかった。

　大人になってお酒をたくさん飲むようになっても、やはり和菓子は好きだ。お酒に合うあんこもの、というのを探すのも楽しい。酒豪だった父も晩年は、焼き餅っていうのはおいしいものだと言って、よく口にしていたというから、日本人というのはどこかであんこの甘みに回帰するのではないだろうかと思う。ときどき仏壇には、焼き餅が母によって供えられている。

　きんとん山を眺めながら、和菓子の写真を撮りはじめてもうずいぶんとたつ。写真を撮った和菓子を口にすると、ああホント、日本に生まれてきてよかったな、こんなに美しいおいしいものがあるのだからと、つくづく感じ入る。

　あんこの恋しさって、好きな人を想う感じに似ているかもしれない。

春の野　松屋常磐

そぼろあんを萌木色と菜種色に色づけた、春のきんとん。中は大納言のつぶあんで、このあんの上品な甘みとそぼろあんの水分は、ひたすら幸せな心地にさせてくれるおいしさ。ひとつ食べても満足だし、三つ食べれば大満足。

器／八つ手の葉をしいた銅のかご、土佐水木の枝を削った楊子

一

春の若い緑色と菜の花の黄色の二色に色づけ、うず巻きにしたこなし。ぬるんだ水が体にしみいるような感じに似た、優しい味わい。

器／エリック・ホグランのガラス鉢

春の路　太市

二

菜種きんとん　鶴屋八幡

菜の花の色に色づけたそぼろあんで、つぶあんをくるんだきんとん。三寒四温の頃、春の足音がたしかに近づいてきそうなお菓子。

器／清水焼の六寸皿

餅花金平糖　豆富本舗

わらび　豊島屋

雪がとけると、紅梅や桃の花の鮮やかなピンク色が目を引く。そこにわらびや蕗のとうなどの少し渋めの緑色が加われば、もういっきに春の色。餅花を核にして作った金平糖は、梅の味。干菓子のわらびは、桜の花や蝶などを組み合わせた「鎌倉の彩」のなかのひとつ。

器／ガラスの小瓶

雛菓子　笑顔　花橘　西王母　草の春　京都鶴屋鶴寿庵

小ぶりの生菓子を四個組み合わせた雛菓子。白地にポツンと紅をさした、こしあん入りの薯蕷まんじゅうは「笑顔」。こしあんを黄色と黄緑のそぼろあんで包んだきんとんは「花橘」。餅皮で桃を形どったのは「西王母」、白こしあん入り。こしあん入りの草餅は「草の春」。女の子に生まれた喜びを感じるお菓子。

器／曲げわっぱの弁当箱、曲げわっぱの盆、アラール・ド・ヴィラットの陶器小皿

六

本物の桃より大きいかな？カステラ種を桃型に入れて焼き、上から蜜をかけて、色をさし、桃の実のできあがり。これは、見かけも甘味も女の子専用にしたい。雛祭りや初誕生、お宮参りの縁起菓子。

器／中国の絵彩小皿

桃カステラ　松翁軒

貝尽くし

亀廣保

貝がら博物館に行ったたって、こんなにかわいい貝がらたちには会えませんよ。有平糖や片栗でできたさんごや帆立貝、桜貝、さざえは標本箱に入れて、お雛様の前に飾っておきたいほど。

器／艸田正樹の宙吹きガラス鉢、さんご原木

貝ちょっき　ちょっき屋

ちょっきは、沖縄の島ことばでおやつのこと。貝の形の焼き菓子は、ちょうど島風マドレーヌ。このちょっきは紅いも入りで、ほかにうこん、月桃、よもぎ、さんぴん（ジャスミン）入りがある。

器／帆立貝の貝がら、クリスタルのアンモナイト

雛菓子

東海

ミニチュアの折り詰めに入ったにぎりずしは、羊羹でできている。赤飯の上には大納言小豆がのせてある。まるでおままごとのようで、愛らしい。

器／タイの水切り竹かご、利休ばし

十

あんこ入りとあんこなしの二種類の草餅が、一箱に入っている。私は、あんこなしのまん中がくぼんだ草餅のほうに白みつをたらし、きな粉をまぶして食べるのが気に入っている。ぷんと、よもぎの匂いがする。

器／赤木明登の天廣四方盆、三谷龍二の木の小鉢、光藤佐の粉引の小皿、塗りのスプーン

志満ん草餅　志満ん草餅

嵐山 さ久ら餅

鶴屋寿

こしあんを道明寺の皮で包み、大島桜の葉ではさんである。葉の香りが強く、ふと葉桜の頃の雨の日の匂いを思う。

器／曲げわっぱの弁当箱、西洋桜の枝を削った楊子

十一

蝶々　塩芳軒
吉野　たねや

紋黄蝶を、街中ではあまり見かけなくなってしまったな。桜の花の色と蝶の黄色は、春ののどかな色の組み合わせ。「吉野」は「湖東散歩」の詰め合わせのひとつ。

器／盆栽用のミニチュア鉢

十三

桜の園　松華堂菓子舗

花団子　河藤

桜色のかるかんとよもぎの浮島の間を白い羊羹でつないだ棹ものは、「桜の園」。ゼリーの桜の花と葉を、小さな青竹の串にさした「花団子」。かるかん、浮島、羊羹、ゼリーのさまざまな食感を味わうお花見。

器／アラール・ド・ヴィラットの陶器小皿

さくら　花乃舎
さまざま桜　紅梅屋
桜花　散桜　河藤
すみだ川　東海

十四

中央は、「さくら」。桜色と薄緑色に色づけた伊勢芋の練り薯蕷で、中は小豆のこしあん。ひと口食べると、桜の葉の香りがほのかにするような。

四隅の桜型の干菓子は、「さまざま桜」。この白色と桜色の二色がある。上部中央は、「桜花」と「散桜」。ぼかしが入った桜と花びら型の干菓子。

左右と下部中央は「すみだ川」。ひょうたん、屋形船、水面、都鳥のほかに桜など、春の隅田川を思わせる六種類の干菓子の組み合わせ。春のうららの……。

器／清水焼六寸皿、アタミザクラの枝を削った楊子、市松模様の和紙

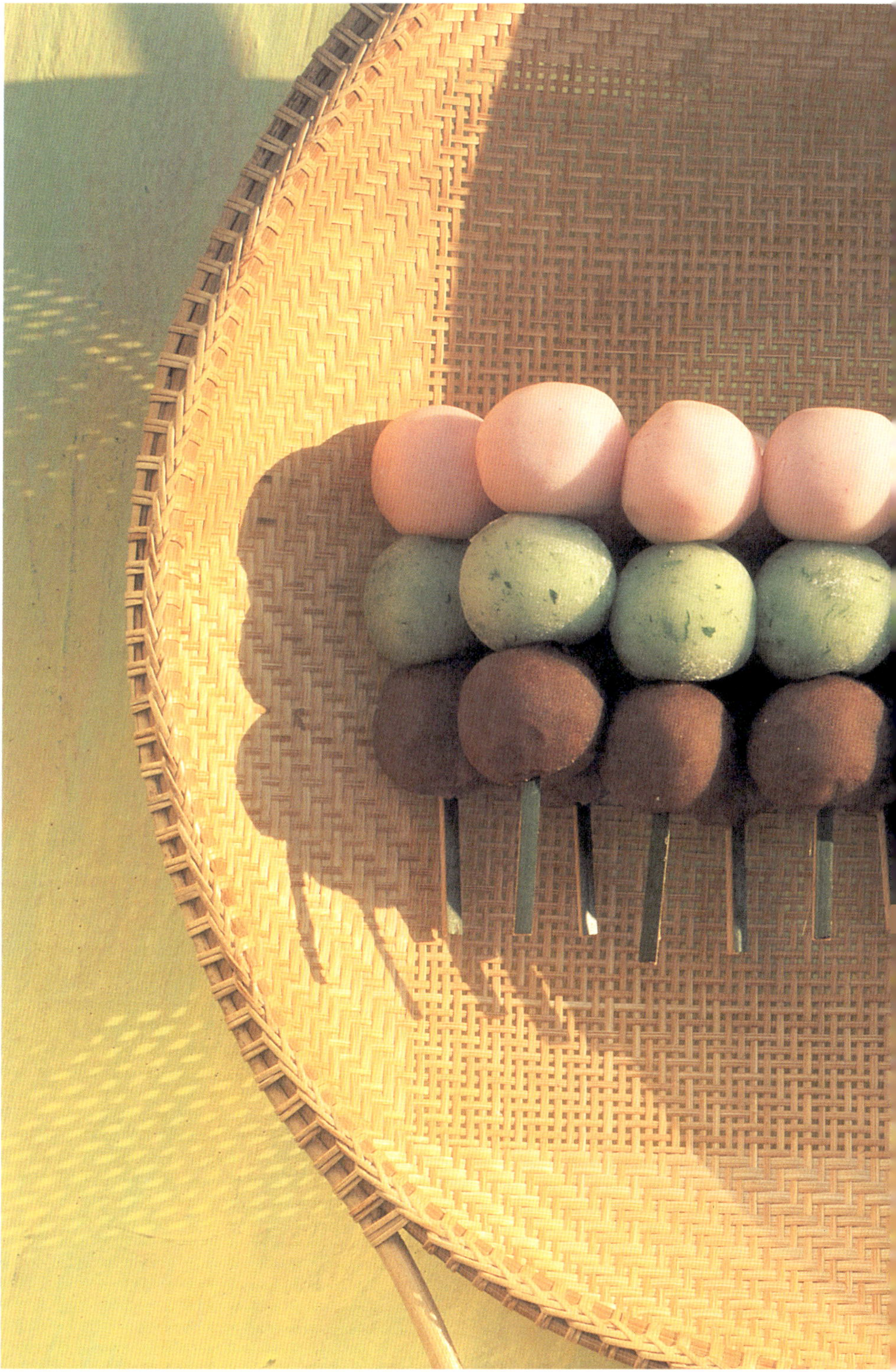

花見団子　末広屋一祐

桃色の練りきりは、白こしあん入り。よもぎ、あんこの三色団子。青竹の串の色も加わって、お、春だなあ、とほんわりとした気分になるお団子。

器／タイの水切り竹かご

二人静

両口屋是清

小さな紙包みを開けると、生成色と薄紅色の半球体がピタッとくっついて、ひとつの球体を作っている。いいネーミングですね。和三盆糖の干菓子。二、三包ポケットにしのばせておくと、疲れた時に食べるのに都合がいい。

器／懐紙

十六

十七

子供の頃、本物の鶴の卵だと思ってドキドキ触った覚えが。プニュッと柔らかい卵白部分は、ゼラチンと砂糖の中に、泡立てた卵白を加えて固めた泡雪。卵黄部分は黄身あん。

器／紅唐紙、折り鶴

鶴乃子　石村萬盛堂

鳰の浮巣

長久堂

鳰（におは、琵琶湖に多く生息する水鳥。浮巣を器に入れてお湯を注ぐと、つがいの鳰がすんなり浮かびあがったり、なかなかもう一羽が浮かびあがってこなかったり。まるで相性占い。浮巣は、吉野葛、こしあん、抹茶の風味がある。

器／須藤拓也の内銀彩六角碗

養生糖

長尾本店

黒ごまに、砂糖を衣がけして米粒に見たてた干菓子。黒ごまが香ばしい。小さな袋に入れて、散歩に持って行きたい。

器／ドイツの陶器のエッグスタンド、鳩型の陶器のはし置き

小鯛焼

桃林堂

全長約八センチのミニ鯛焼き。鯛焼きというより、鯛の人形焼きかな？　おみやげによく買う。

器／伊藤委の青白磁小皿、懐紙、紙ひも

たい菓子

有職たい菓子本舗・天音

こげ目のついたパリッとした皮に、黒糖の味がきいたあんこが少しずつしみこんできた常温の「たい菓子」は、意外にもラム酒によく合う。焼きたては、お茶がいいけど。

器／リビストニアの葉

二十二

楓の葉型の干菓子「青楓」は新緑の色、春の湖の色をした「水」。澄んだ緑色や水色も春を表す色。「水」は「湖東散歩」の詰め合わせのひとつ。

器／盆栽用のミニチュア植木鉢

青楓　塩芳軒

水　たねや

岩根の錦

とらや

二十三

つつじの花を美しいと思うようになったのは、もう老境?! いやいや本物の花より、このこなしのほうがもっときれい。中は白あん。

器／つつじの葉型を切りぬいた和紙

本饅頭　塩瀬総本家

こしあんに、蜜づけした大納言を混ぜ、ごく薄い皮で包んだおまんじゅう。濃厚な甘さなのに、さっぱりとしていて、気性のいい男の子？ 女の子？ という感じ。別名をかぶとまんじゅうという。

器／横倉悟の青白磁かぶと鉢、オリーヴの枝で作ったはし

二十五

水仙粽

川端道喜

吉野葛と砂糖を練りあげて作った粽（ちまき）を、笹の葉で包み、いぐさでくるくると巻いて束ねていく。私は蒸し直して食べるのが好き。こしあんを練り込んだ「羊羹粽」もある。

器／へぎ盆、笹の葉

真砂糖　鶴屋八幡

流れ水　塩芳軒

観世水　楓　俵屋吉富

流水　亀廣保

水辺からのぞむ山の姿というのは、最近の私の好きな風景。錦江湾から眺める桜島とか。まぶしいほどの緑色をした「真砂糖」は、道明寺羹の棹もの。新緑の山に見立てて、三角形に切った。水を表した有平糖三種は、上から「流れ水」、「観世水」、「流水」。真ん中の「楓」は、干し琥珀でできている。

器／彩色した楮紙

御所氷室　鶴屋吉信

二十七

冷蔵庫のない昔、夏の氷は信じられないほど貴重品だったとか。氷室は、そんな時代の冷凍室のこと。寒天と砂糖に大納言小豆を加えた干菓子の「御所氷室」は、静謐なたたずまい。かすかに梅の味がする。

器／加藤委の青白磁小皿、楓の葉

かゞり焼鮎　奈良屋本店

丸水　落雁　諸江屋

卵黄を使って焼きあげた、鮎型のお菓子。中が空洞になっているので、口あたりが軽い。六月一日は、鮎漁解禁日。鮎が清流にいるような見立てに、水を表わした落雁をいっしょに盛る。「丸水」は、「わび」という落雁の詰め合わせの中のひとつ。

器／赤木明登の天廣四方盆

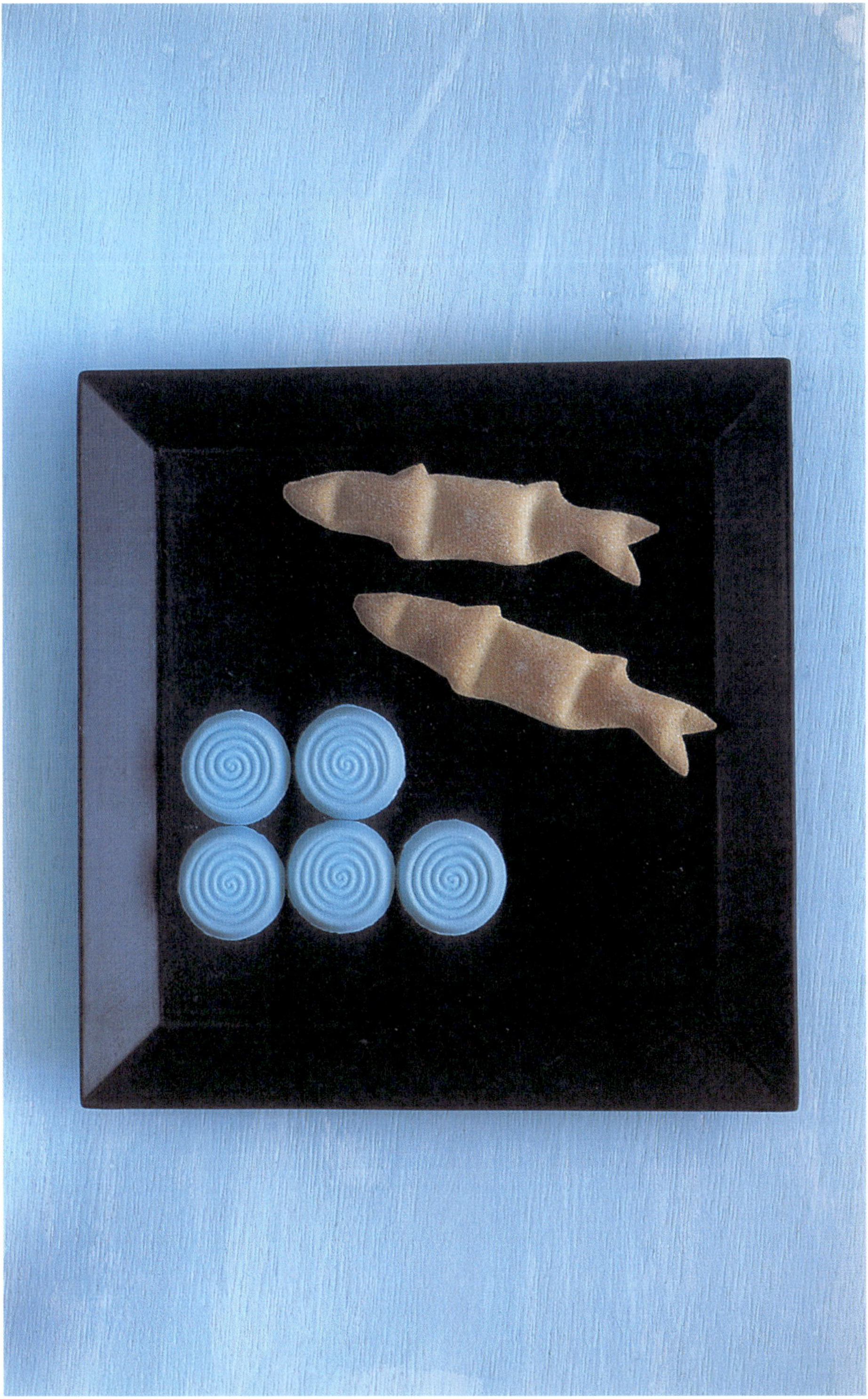

特製きんつば　一元屋

きんつばの皮って、どうしてこんなに薄いんでしょ。薄い皮の中から、大納言小豆のつぶがプリプリとはみ出しそうで。昔からずっとおいしいものって、えらいね。

器／粉引き鉢

二十九

三十

半透明の葛の皮から透けて見えるあじさいの蕾のような黄緑色って何だと思う？　食べてびっくり、キウイなの。こしあんにキウイのツブツブ、そして甘さと酸っぱさ、梅雨時の鬱陶しさを吹き飛ばしてくれるようなお菓子。

器／猪本典子デザインの花瓶のふた朝顔と花器蓮の実、あじさいの葉と蕾

紫陽花餅　茶の湯菓子処　源太

清浄歓喜団

亀屋清永

三十一

白檀、桂皮、竜脳などの七種類の香りを混ぜこんだこしあんを、薄くのばした生地で巾着型に包み、ごま油で揚げたお菓子。パリッとした皮の中に不思議な香りのあんこ。奈良時代、遣唐使によって伝えられた唐菓子(からくだもの)のひとつ。初めて食べる味。

器／中国家具のミニチュア、八角蓮の葉

三十二

丹波産の寒天と黒砂糖で作られる棹ものの琥珀羹。よく冷やしてから食べると、黒砂糖のおいしさが体にしみいるよう。祇園祭の時、菊水鉾（きくすいぼこ）に献上するお菓子。

器／猪本典子デザインの手吹きガラスの蓮の葉型皿

したゝり

亀廣永

大納言小豆のつぶあんを薄い求肥（ぎゅうひ）でくるみ、四角形の吉野葛でふくさのように包んだもの。葛から透けて見えるあんこのモノクロームの色調が、冷んやり感を出している。そして、汗がひくほどのおいしさ。

器／ラリックのクリスタル皿

三十三

葛ふくさ　菊寿堂義信

かいちん

石川屋本舗

おはじきのことを金沢では昔、かいちんと呼んでいたそう。見た目はおはじきのように固そうだが、口にすると意外な柔らかさに小さな驚きが。寒天が材料のお菓子で、この千鳥のほかに、ききょう、つたなど数種類ある。

器／蓮の花びら

水羊羹　茶の湯菓子処 源太

大きな箱に入った水羊羹は、ふつうの羊羹の三本分ほどある。うーん、こんなにおいしい水羊羹があったのか、とついつい自分の分は大きめに切ってしまう。

器／ぶどうの葉をしいた銅のかご、梅の枝のフォーク

三十五

蓮根の粉で作った、まんまるでフルフルの蓮子餅。冷やして、きな粉をかけていただく。

器／蓮の葉、すぐりの実

蓮子餅　たねや

三十六

水まんじゅう　桔梗屋織居

三十七

こしあんを、葛で包んだ夏のおまんじゅう。氷水に浮かべてスプーンで口の中に運ぶと、あんこで食道がすうっとする。

器／艸田正樹の宙吹きガラス鉢、貝スプーン

笹巻き麩

麩嘉

青のり風味の生麩の中は、こしあん。もっちりとした生麩をかみしめると、あんこの甘さと笹の葉の香りで口の中がいっぱいになる。冷やして食べても、笹の葉ごと直火でこんがり焼いてもおいしい。

器／杉本立夫の織部小皿

青葉蔭

萬年堂本店

半透明の楓の葉型の錦玉羹は、鉢に入れてずっと飾っておきたいほど。透けて見えるのは、さっぱり甘さの白いこしあん。

器／網目鉢、楓の葉

三十九

ひょうたん型の皮は、こんがり焦がされ香ばしい。もなかが苦手だった私に、もなかの門を開いてくれたような。大粒の小豆あんのお味も、あっさりとして好み。

器／桐の角小皿

四十

空也もなか

空也

飄々　亀屋良永

落雁地に山芋を加えて焼きあげた、ひょうたん型の干菓子。サクサクとクランチ状のせんべいのよう。おとなの食べものだなという感じの、キリリとした甘み。

器／横山拓也の白化粧小皿

四十一

九月九日、重陽の節句のお菓子。桃色のこなし生地は菊の花を、白い薯蕷のきんとんは綿を表している。重陽の節句は菊の節句とも言って、菊の花にひと晩綿をかぶせておいて、夜露や香りを移し、それで翌朝身体や顔をふくと邪気を払い、長寿がえられるといったそうだ。

器／横山拓也の白化粧小皿

四十二

着せ綿

茶の湯菓子処 源太

四十三

菊の花びらの一枚一枚までも細かく和三盆糖で形どった干菓子が、「菊寿糖」。口の中でスルリと溶ける食感がたまらなく気持ちいい。「野菊」はアーモンド風味の干菓子。サブレのようなかみごこち。

器／杉本立夫の豆皿、へぎ盆

菊寿糖　鍵善良房
野菊　百万遍かぎや

風流団喜　末富

五色に色づけしたもち皮で、こしあんを包んだ月見団子。十五夜にちなんで十五個のお団子をつみ上げる、中秋の名月のお菓子。

器／鳥獣戯画の鉢、和紙、すすきの葉

四十四

加茂みたらし団子　亀屋粟義

四十五

下鴨神社の茶店にある、みたらし団子。黒砂糖に葛を加えた蜜は、これだけでもペロペロなめたいほどおいしい。一番上の団子が少し離れているのは、人間の五体を表していて、五体満足の願いを込めているそう。

器／鳥獣戯画の六寸皿

古賀音だんご　ふるや古賀音庵

箱を開けると、黒ごまと和三盆糖がぎっしりつまっていて、だんごはどこ？　竹串を探し出してだんごをとりだすと、だんごの丸みがわからないほど、黒ごまと和三盆糖がまぶさっている。歯切れのいい甘さなので、お昼ごはんがわりに三本食べちゃうことがある。

器／加藤委の青白磁小皿

四十六

道祖神

開運堂

四十七

将棋の駒より、ひとまわりほど小さな小豆の粉の落雁。仲良く並んだ二人の神様を裏返すと、ふくよかな後姿が。道祖神ゲームっていうのを作ったら、駒として使えるよね。

器／三谷龍二の古代楡小皿

しほみ饅頭

総本家かん川　　　　四十八

赤穂の塩を利かせたこしあんを落雁の材料で包んだおまんじゅう。薄緑色は抹茶風味。塩のきいたあんこって、たまらなくおいしいなと感じる。器／羽生野亜の山桜長皿、栗の葉

四十九

求肥の皮がとても薄くあんこが透けて見えるので、全体的にグレーがかったお餅。へぎにくるまれているので、ひと口食べるとぷんと杉の木の匂いがする。あんこの中の黒砂糖があとをひいて、ついもうひとつってことになる。

器／赤不明橙の天廣四方盆、オリーヴの葉

御鎌餅

大黒屋鎌餅本舗

大粒の赤えんどう豆の、塩味かげんのいいことといったら。つぶあんの甘みと相性がいい。行きつけのバーでも、酒のつまみに密かに食べ続けられている。

器／どんぐりのつまみを付けた竹のふた付きかご

五十

豆大福

松島屋

銀杏

紫野源水

白小豆のつぶあんをういろう生地で包んだ、ちょうどいちょうの葉が黄色くなりかけた頃の生菓子。やさしい味。

器／タイのミニチュアかご、いちょうの葉

五十一

寒氷（かんごおり）でできた「つた」。紅く色づいた葉の微妙なグラデーションに、グッと秋の深さを感じる。甘さも深い。洲浜の「落花生」は、ほろ苦い甘さでやわらかなかみごたえ。子供の頃食べた、コーヒーキャンディを思い出した。

器／三谷龍二の古代楡ボウル、
つたのつる

つた　落花生　おざわ

五十二

黒松

黒松本舗　草月

五十三

このどらやきを食べた人は口をそろえて、「こんなおいしいどらやきがあったの！」と言う。黒砂糖と蜂蜜が入った皮にはさまれた、少しゆるめのつぶあん。ハァちょっとやられたーと、やみつきになってしまう。

器／中国の葉型皿

春日の豆　植村義次

洲浜の生地で空豆を形どった
半生菓子。豆で豆を作る、そ
ういうかわいげがいいな。
器／すす竹のミニチュアかご、
かしわの葉

五十四

生姜甘納豆　秋山商店

かなりの生姜好きの私ですが、この甘納豆は相当いいお味。かみごたえがあって、パンチのある辛さ。かぜをひきそうな時には、この生姜甘納豆をこまかく切って、お湯の中に入れて飲むと、体がポカポカする。

器／銅のかご

萩乃薫　光國本店

まだ青いうちの夏みかんをスライスした青切り、熟した実の皮、果肉型の琥珀羹。肉料理のあとのデザートに食べると、ホロニガ甘さで胃がすっきりする。ウィスキーのつまみにも。青切りは秋のみ販売、熟した実の皮と果肉型の琥珀羹は通年。器／サン・ルイのクリスタル皿

五十六

薄紅　おきな屋

紅玉りんごを輪切りにし、蜜煮にしたもの。りんごのいい匂いがして、和風タルト・タタンとも言える？「うすくれない」と読む。

器／楓小皿、姫りんごの枝を削った楊子

五十七

二十世紀　亀甲や　五十八

二十世紀梨の輪切り？　と思うほどの見かけ。水あめ地に梨の香りを加えて、梨地をほどこし、芯の形を打ちぬいた、梨のゼリーのようなお菓子。

器／アラビアの耐熱皿、黒いオリーヴの実

柿じょうよ　風流堂

五十九

柿を形どった小さな薯蕷まんじゅう。ほのかな柿の甘みがある。

器／光藤佐の黒釉片口鉢、むべの実、つる、葉

芋羊羹　田端　土佐屋

ひと口ほおばると、「あ、さつまいもー」という味と、ホクホク感でいっぱいになる。温かいのなら焼きいも、冷たいのならこのいもようかん。

器／沖縄の芋の葉型皿

やき栗　二條若狭屋
野路の里　亀屋良長

つぶの大きいほうが「やき栗」で、丹波栗をまるごと栗あんに包んで焼きあげたもの。栗まんじゅうのような食感。「野路の里」は、のどにつまらないきんとん？　という感じのお菓子。

器／すす竹のミニチュアかご、梅の枝のフォーク、かれ葉プレス皿、どんぐり、松ぼっくり

きつね面　梅津菓子店

松ぼっくり　豊島屋

栗きんとん　すや

秋のドイツの森で木の実ひろいをしていたら、きつねに出くわしたことがあったな、という組み合わせ。落雁でできた「きつね面」は、ちょっとソバボーロのような味わい。「松ぼっくり」は、黒蜜味の金平糖。「栗きんとん」は、すっと口の中でとろけるような、やみつきになる舌ざわりと甘さ。

器／羽生野亜の山桜長皿、松葉

小男鹿　冨士屋

山芋、うるち米、大納言小豆、ひき茶に和三盆糖を加えて練り、せいろで蒸した棹もの。切ると断面に大納言小豆がポツポツと現れて、鹿の背の模様に似ていることからこの名が付いた。私は少し冷して食べるのが好き。

器／曲げわっぱ小盆、竹のフォーク、乾燥した食虫植物

ひかえめな色合いのそぼろあんが、寒くなってくるねェ、と切々と語りかけているような。でもこのきんとんを食べると、寒さも忘れるほど。

器／桐角皿、紅葉したブルーベリーの枝を削った楊子

六十四

柴の雪

松屋常盤

飛鳥の蘇

西井牧場生乳加工販売所

飛鳥時代の貴族が食べたという蘇（そ）を復元したもの。生乳をかき混ぜながら、七〜八時間ほど加熱して作るのだとか。日本のチーズ、という味わい。だからお酒のつまみにもいい。

器／三谷龍二の古代楡小皿

六十六

きな粉のかかり具合が、なんて美しいんでしょう。こしあん入りの本わらび粉を使ったお餅は、ひたすらとろけるようにやわらかく、清々しい甘み。

器／エリック・ホグランのガラス皿

わらび餅　芳光

六十七

こしあんをそば粉入りの皮で包んで焼きあげてあるのでそば餅と呼んでいるが、本当はそばまんじゅう。ほんのりそばの香りがして、辛党のおじさんにもうけそう。

器／かしわの葉

そば餅　本家尾張屋

六十八

柚こゞり

紫野和久傳

京都の水尾でとれる柚子の中身をくりぬき、柚子のゼリーを詰めたもの。柚子の香りとかすかな苦味が大人っぽい味。器／杉本立夫の豆皿、貝製スプーン、へぎ盆

六十九

柚子入りのこしあんを、薯蕷の皮でくるんだもの。楊子を入れると、ホワンと柚子の香りがただよう。

器／スウェーデンのガラスのボウル、中国の葉型皿、竹のフォーク

柚子

塩埜

かぼちゃをミニチュアにしたような生菓子。中身も、かぼちゃを混ぜた黄色いあん。冬至のお菓子。

器／横山拓也の白化粧小皿

七十

かぼちゃ　桃林堂

七十一

まっ白な薯蕷まんじゅうに、織部焼きの釉薬（ゆうやく）のような濃い緑色がたらり、と。この緑色は抹茶で作るのですって。東京らしい、男前なおまんじゅう。

器／八重山の蓋付きかご、はらん

織部まんじゅう

大坂家

七十二

越後のもち米の寒ざらしに、和三盆糖をねかせて配合し、型に入れて固めたもの。口の中で、ほんのり甘い雪がシュワーと溶けていくような食感。

器／倉俣史朗デザインのタイル

越乃雪　大和屋

あわ雪　備前屋

雪のようにまっ白な棹もの半生菓子は、卵白と砂糖、寒天を練り固めたもの。甘みの少ないムースのような感じ。冷やして食べるのもおすすめ。小豆、抹茶、桃の風味もある。

器／エドツワキデザインの皿、陶器のスプーン

雪餅　生風庵

雪の玉のような、つくね芋のきんとん。中にはなめらかな、なめらかな黄身あんが入っている。数年前この雪餅を京都で初めて食べた時、こんなにおいしいお菓子があったのか、と身ぶるいしたほど。

器／黒田泰蔵の白磁小鉢、クロッシュ

うすらひ

名古屋　亀末廣

冬の朝、池に張った薄氷がひびわれる様子を表しているのだそうだ。白い部分は、山芋の薯蕷あん、黒い部分は黒糖がたっぷり入ったこしあん。数人で分ける時、小さいのが自分のお皿にのっかっていたら、ちょっとくやしいぞ、というおいしさ。

器／ホーローのバット、スプーン

七十六

おお！　阪神タイガースファン必食の虎柄羊羹。白小豆や福白金時豆などをクチナシの実で黄色く色づけた羊羹は、キラキラと光る虎の背のよう。お味は、勇猛でなくとても上品。

器／塗足付き皿

千里の風　とらや

ポインセチア　鶴屋吉信

ポインセチアの赤い花を形どったこなし。つぶあんとの間に、葉の緑色がのぞく。クリスマスに、あんこのおもてなし。

器／クリストフルの銀皿、ミニひいらぎの葉

七十七

ホワイトクリスマス　末富

七十八

白いきんとんに、色玉と星を散らしたクリスマスツリーのようなお菓子。中はこしあん。

器／黒田泰蔵の白磁小鉢、シエクルの陶器皿

松の雪　京都鶴屋鶴寿庵

冬でも緑色のままの松葉は、お正月の縁起物。雪持ちの松葉を表したきんとんは、さっぱりとした甘み。中のつぶあんは、しっかりと甘く冬の味。

器／松葉を水引きで束ねたもの

千代結び　松葉　亀屋伊織

いいことがずっと続きますようにって、お正月に願いをこめて。有平糖の「千代結び」と「松葉」。

器／赤木明登の天廣四方盆

八十

千代の糸

松華堂菓子舗

八十一

和風モンブランとも見えるが、こちらは伊勢芋の薯蕷あんを紅白の糸に見立てたもの。中は白いあん玉で、あんの中に少し残るつぶが、水分たっぷりの薯蕷あんといっしょになると、いい具合の舌ざわりになる。めでたくて、かわいらしいお菓子。

器／糸巻きに陶器の小皿をのせたもの、紅梅

八十二

宝袋や打出のこづちなどを形どった、もち米粉のせんべいの中には、鯛や天神さまの砂糖菓子、犬や鳥などの土でできた人形がひそんでいる。フランスのガレット・ド・ロワのような感じかな。お正月の縁起菓子。

器／横倉悟の青白磁かぶと鉢

福徳せんべい　**落雁　諸江屋**

縁起のいい招福袋と宝来袋は、ういろう生地。白い招福袋には紅あん、桃色の宝来袋にはしょうが味の白あんが入っている。甘いものを食べて福を呼ぶ。

器／陶器のミニチュア三宝

八十三　「福よ、来い！」　とらや

やぶこうじ　嘯月

大納言小豆のつぶあんに、細かい細かいそぼろあんをつけたきんとん。ひかえめな緑色のやぶこうじの葉の上に雪が降りかかり、合間からハッとするような赤い実がのぞく。冬の姿のひとつですねぇ。

器／安藤雅信の磁器平皿、オリーヴの枝で作ったはし

八十四

若竹　さゝま

笹　亀屋伊織

黄緑色の「若竹」は練りきりで、つぶあんがはさまれている。有平糖の「笹」といっしょに、目にも晴れやかな初春の緑色の組み合わせ。器／安藤雅信の磁器平皿、柿の木の楊子

ごんぼ餅

本家月餅家　直正

葩餅（はなびらもち）をカジュアルにするとこんな愛らしいお餅に。白みそあんと梅あん、さいの目切りのごぼうの味が、口の中でリズムよく混ざり合う感じ。

器／羽生野亜の山桜長皿

八十六

葩餅

茶の湯菓子処 源太

白い餅皮の中に赤い菱餅を重ねると、うっすらと浮かびあがる薄紅色がなんとも優雅な様子。梅や桜の花びらに見立てているそう。ごぼうの香りと白みそあんの甘辛さが、やわやわのお餅にくるまっておいしいったら。新年の楽しみの甘み。

器／塗の足付き皿、白梅の花びら

福寿草　鶴屋八幡

八十八

黄色と薄緑色のこなしあんを茶巾でしぼって、福寿草の花を形どった菓子。あんこが、子供のころ慣れ親しんだ懐かしい味。

器／杉本立夫の織部小皿、雪のしたの葉

水仙

鶴屋八幡

日本水仙の花と葉を形どった落雁。花の大きさはほぼ実物大なので、リアリティがある。水仙って、花でも落雁でもかわいらしい。

器／楓小皿

八十九

山田屋まんじゅう　山田屋

こしあんに、ごく薄い皮をかぶせたおまんじゅう。このおまんじゅうを口の中に入れると、あんこがすうーっと溶けていく。そう、まんじゅう界のトリュフという感じかしら？　ひとつ二十グラムくらいの小ささで、味、見た目、すべてがエレガント。

器／川渕直樹の粉引鉢、椿の枝

侘助椿

銀座凮月堂

求肥でできた椿の花。いくつか盛り合わせると、侘助椿の木ができる。

器／モロッコの陶器コンポート、椿の葉

九十一

求肥の椿の中は、白いこしあん。雪の中でポッと上気したようなかわいらしい椿の花。器／杉本立夫の白釉豆皿、石膏の板、雪、椿の葉

九十二

寒椿　塩埜

九十三

椿もち　川口屋

やわらかいこしあんを、これまたやわらかな羽二重餅でくるみ、椿の葉ではさんだお餅。あまりのやわらかいおいしさに、ほっぺもやわらかくなる感じ。

器／横倉悟の青白磁鉢、白玉椿の花

だまこ餅

セキト

秋田米の餅生地に、トロリとしたごまダレが入っている小さなお餅。夏は冷凍したお餅を半解凍の状態で食べてもいいし、冬になると私は、冷凍したものにお湯をかけて、ちょうど中国の白玉団子のような食べ方をするのが気に入っている。

器／ガラスの蓋椀、貝のスプーン

三冬饅頭　ちもと

つぶあんを小麦粉、卵、白あんに黒ごまを散らした皮で包んだおまんじゅう。皮のしっとり感が一瞬あんパンのようにも見える。しっかりとしたあんこの味は、寒い時に食べると力が出るよう。

器／猪本典子の蓮葉皿

梅の羊羹　石衣の梅　東海

福梅　長門

紅梅　茶の湯菓子処 源太

雪中梅　みさきや

光琳梅　花乃舎

梅が香　鶴屋吉信

福梅　塩瀬総本家

梅　塩芳軒

左上から時計回りに。白い砂糖がかかった赤い「梅の羊羹」、薄紅色の練りきりに、薄黄色のしべは「福梅」、こしあんが入っている。濃いピンク色に黄色のしべの練りきりは「紅梅」、折り曲げた唐紙の赤い部分にあるのは、梅型の干菓子「梅」。若々しいピンク色の梅の練り切りは「福梅」。濃いピンクのこなしは「梅が香」。梅の花に雪が降りかかったのは、栗羊羹を薄紅色に色づけた白あんで包んだ「雪中梅」。小さな白っぽい梅は、固く炊いたあんこ玉に白い砂糖の衣をかけた半生菓子の「石衣の梅」。中央の、まん中にニコニコマークのような口元を刻んだ「光琳梅」は、こしあんの入った伊勢芋の練り薯蕷。梅は咲いたかぁー、桜はまだかいな。

器／唐紙、桐の板、梅型にくり抜いた竹のサーバー

梅干　菊寿堂義信

白小豆のあんこを求肥で包み、赤い羊羹をかけ、砂糖をまぶし、しそをのせてまるで本当の梅干しのよう。でも食べると甘い、っていうのがほほえましい。木樽に入っている。

器／杉本立夫の白釉豆皿

九十七

白露ふうき豆

山田家

青えんどう豆を水と上白糖で煮あげたもの。豆嫌いのおじさんたちにもけっこう人気があるのは、お酒のつまみにもなるからかなあ？　夏場は、冷やして食べてもおいしい。

器／松村幸一の杉と桧の枡

九十八

満寿満壽　點心堂　ちもと

福ハ内　鶴屋吉信

豆らくがん　笑福堂

私の節分セット。枡を形どった「満寿満壽（ますまんじゅう）」で益々繁盛。お多福豆を形どった桃山生地の焼き菓子で「福ハ内」。お多福さんの落雁で笑門来福。

器／桐の板

おかめまんじゅう　塩芳軒

一〇〇

ポッとほほを紅く染めた、笑顔のおかめちゃん。色白は七難かくすか、とふと頭に浮かぶほどまっ白な薯蕷まんじゅう。中のこしあんは女らしい甘み。

器／清水焼の六寸陶器皿、桃の枝を削った楊子

練りきりの「うぐいす」は、こしあんが入っている。つぶらな目がかわいくて、食べるのにドキドキしてしまう。優しい薄紅色した「紅梅」も練りきりで、こしあん。梅にうぐいす、ホーホケキョ。

器／きょうぎ、石膏の板

うぐいす　塩埜

紅梅　さゝま

和菓子用語

有平糖（あるへいとう）
砂糖に水と水あめを混ぜて煮つめ、いろいろな形に細工した砂糖菓子。

泡雪（あわゆき）
泡立てた卵白を使ったお菓子。錦玉の液にこれを加えると、泡雪羹になる。

石衣（いしごろも）
水分を飛ばして固く作ったあん玉に、白砂糖の衣をかけた半生菓子。

ういろう
上用粉や上新粉（どちらもうるち米から作る粉）、餅粉などを水で練り、砂糖を加えて蒸したもの。ういろう生地で、あん玉を包んで上生菓子を作る。

かるかん
かるかん粉（目が粗いうるち米の粉）と山芋、砂糖を合わせて蒸したもの。

寒氷（かんごおり）
寒天に、砂糖を加えて煮つめたもの。

寒天（かんてん）
テングサやエゴノリなどの海藻を煮て抽出した液を固め、寒ざらしにしたもの。

黄身あん（きみあん）
白あんに、ゆでて裏ごしした卵黄か生の卵黄を混ぜて、火にかけて練りあげて作る黄色いあんこ。

求肥（ぎゅうひ）
白玉粉（もち米の粉）や餅粉を水で溶いてこね、せいろで蒸してから、砂糖と水あめで練りあげたやわやわの餅状の生地。

錦玉羹（きんぎょくかん）
水で溶いた砂糖や水あめなどを、寒天で固めた半透明のお菓子。夏のお菓子としてよく作られる。

きんとん
あん玉のまわりに、そぼろあんを栗のいがのように付けた上生菓子。

黒砂糖（くろざとう）
サトウキビの汁を煮つめ、精製していない砂糖。

黒蜜（くろみつ）
黒砂糖が原料のシロップ。

こなし
こしあんに小麦粉や餅粉、薯蕷粉などを混ぜて蒸し、砂糖を加えてもんで、生地またはあんを作る。この生地を使って細工した上生菓子のこと。関西は、こなしが多い。

琥珀羹（こはくかん）
寒天に砂糖、あめを加えて煮つめ、型に入れて冷やし固めた棹もの。

棹もの（さおもの）　長方形の型に入れて作る、羊羹などの棹状のお菓子の総称。

上生菓子（じょうなまがし）　きんとんや練りきり、こなし、薯蕷まんじゅう、求肥製、ういろう製のお菓子のこと。

薯蕷（じょうよ）　つくね芋、大和芋、伊勢芋などのねばり気が強い山芋のこと。すりおろして、まんじゅう生地やあんこのつなぎに使う。

洲浜（すはま）　洲浜粉（こげないように煎った大豆の皮を取り、粉にしたもの）に、水あめや白砂糖を加えて練った生地を使った半生菓子。

蘇（そ）　しぼりたての生乳を弱火に七～八時間かけ、水分を取ったもの。

そぼろあん　着色したこしあんを裏ごしにかけ、そぼろ状にしたあんこのこと。

大納言小豆（だいなごんあずき）　小豆は、粒の大きい順に大納言、中納言、小納言と呼ばれる。丹波産のものが、いちばんいいと言われる。

粽（ちまき）　五月五日、端午の節句の祝い菓子。昔はちがやの葉で巻いたので、ちまきという名前になった。

練りきり（ねりきり）　白あんに、みじん粉（うるち米やもち米が原料の粉）や求肥を加えて練ったあん、また山芋を使った薯蕷あんでできた上生菓子のこと。関東は練りきりが多い。

半生菓子（はんなまがし）　日持ちが生菓子と干菓子の中間のお菓子。もなかや洲浜、石衣など。

干菓子（ひがし）　落雁や有平糖、焼き菓子などの水分の少ない、日持ちのするお菓子全般のこと。

ひき茶（ひきちゃ）　抹茶のこと。

干し琥珀（ほしこはく）　寒天、砂糖、水あめを煮つめて型で抜き、乾燥させたお菓子。

水あめ（みずあめ）　芋類や穀類のでんぷんを糖化させて作る、液状のあめのこと。

餅粉（もちこ）　もち米を洗ってから乾燥させ、挽いた粉。

桃山（ももやま）　白あんに卵黄、寒梅粉（上みじん粉のこと）、水あめをこねて作る生地のこと。

落雁（らくがん）　うるち米や麦、小豆などの穀類に砂糖、水あめを混ぜて木型に詰めて形を作り、打ち出したもの。

和三盆糖（わさんぼんとう）　竹糖（サトウキビの種類のひとつ）の茎を絞って煮つめ、手で練って作る砂糖。徳島県と香川県の特産。

ま

真砂糖 ＊ 鶴屋八幡　本店　〒541-0042 大阪府大阪市中央区今橋4-4-9 tel.06(6203)7281

満寿満壽　點心堂 ちもと　〒662-0825 兵庫県西宮市門戸荘18-74 tel.0798(54)5396

松の雪 ＊ 京都鶴屋鶴寿庵　〒604-8821 京都府京都市中京区壬生梛ノ宮町24 tel.075(841)0751

松葉 ＊ 亀屋伊織　〒604-0013 京都府京都市中京区二条新町東入ル tel.075(231)6473

松ぼっくり　豊島屋　〒248-0006 神奈川県鎌倉市小町2-11-19 tel.0467(25)0810

豆大福　松島屋　〒108-0074 東京都港区高輪1-5-25 tel.03(3441)0539

豆らくがん　笑福堂　〒914-0812 福井県敦賀市昭和町2-21-31 tel.0770(22)4747

丸水　落雁 諸江屋　〒921-8031 石川県金沢市野町1-3-59 tel.076(245)2854

水 ＊ たねや　〒523-8585 滋賀県近江八幡市宮内町日牟禮ヴィレッジ tel.0120(559)160

水まんじゅう ＊ 桔梗屋織居　〒518-0861 三重県伊賀市上野東町2949 tel.0595(21)0123

水羊羹 ＊ 茶の湯菓子処 源太　〒169-0073 東京都新宿区百人町2-5-5 tel.03(3368)0826

三冬饅頭　ちもと　〒152-0023 東京都目黒区八雲1-4-6 tel.03(3718)4643

餅花金平糖　豆富本舗　〒600-8222 京都府京都市下京区東中筋通七条上ル文覚町387 tel.075(371)2850

桃カステラ ＊ 松翁軒　〒850-0874 長崎県長崎市魚の町3-19 tel.095(822)0410

や

やき栗　二條若狭屋　〒604-0063 京都府京都市中京区二条通小川東入ル西大黒町333-2 tel.075(231)0616

やぶこうじ ＊ 嘯月　〒603-8177 京都府京都市北区紫野上柳町 6 tel.075(491)2464

山田屋まんじゅう　山田屋　〒799-2651 愛媛県松山市堀江町甲528-1 tel.089(978)4818

柚こゞり ＊ 紫野和久傳　堺町店　〒604-8106 京都府京都市中京区堺町通御池下ル丸木材木町679 tel.075(223)3600

雪餅 ＊ 生風庵　〒603-8151 京都府京都市北区小山下総町16 tel.075(441)5694

柚子 ＊ 塩埜　〒111-0032 東京都台東区浅草3-28-9 tel.03(3874)2186

養生糖　長尾本店　〒957-0056 新潟県新発田市大栄町7-3-3 tel.0254(22)2910

吉野 ＊ たねや　〒523-8585 滋賀県近江八幡市宮内町日牟禮ヴィレッジ tel.0120(559)160

ら

落花生 ＊ おざわ　〒287-0003 千葉県佐原市佐原イ3355-1 tel.0478(52)5401

流水 ＊ 亀廣保　〒604-0021 京都府京都市中京区室町通二条下る蛸薬師町288 tel.075(231)6737

わ

若竹 ＊ さゝま　〒101-0051 東京都千代田区神田神保町1-23 tel.03(3294)0978

侘助椿 ＊ 銀座凮月堂　〒104-0061 東京都中央区銀座6-6-1 tel.03(3571)5000

わらび ＊ 豊島屋　〒248-0006 神奈川県鎌倉市小町2-11-19 tel.0467(25)0810

わらび餅 ＊ 芳光　〒461-0038 愛知県名古屋市東区新出来1-9-1 tel.052(931)4432

千代の糸 * 松華堂菓子舗 〒475-0887 愛知県半田市御幸町103 tel.0569(21)0046
千代結び * 亀屋伊織 〒604-0013 京都府京都市中京区二条新町東入ル tel.075(231)6473
散桜 * 河藤 〒543-0051 大阪府大阪市天王寺区四天王寺1-9-21 tel.06(6771)6906
つた * おざわ 〒287-0003 千葉県佐原市佐原イ3355-1 tel.0478(52)5401
椿もち * 川口屋 〒460-0003 愛知県名古屋市中区錦3-13-12 tel.052(971)3389
鶴乃子 石村萬盛堂 本店 〒812-0028 福岡県福岡市博多区須崎町2-1 tel.092(291)1592
道祖神 開運堂 〒390-0811 長野県松本市中央2-2-15 tel.0263(32)0506
特製きんつば 一元屋 〒102-0083 東京都千代田区麹町1-6-6 tel.03(3261)9127

な

流れ水 * 塩芳軒 〒602-8235 京都府京都市上京区黒門通中立売上る飛弾殿町180 tel.075(441)0803
菜種きんとん * 鶴屋八幡 本店 〒541-0042 大阪府大阪市中央区今橋4-4-9 tel.06(6203)7281
鳰の浮巣 長久堂 四条店 〒604-8505 京都府京都市中京区河原町通四条上ル西側 tel.075(221)1607
二十世紀 亀甲や 〒680-0023 鳥取県鳥取市片原2-116 tel.0857(23)7021
二人静 両口屋是清 本社 〒460-0002 愛知県名古屋市中区丸の内3-14-23 tel.052(961)6811
野菊 百万遍かぎや 〒606-8301 京都府京都市左京区吉田泉殿町1 tel.075(761)5311
野路の里 * 亀屋良長 〒600-8498 京都府京都市下京区四条通堀川東入醒ケ井角柏屋町17 tel.075(221)2005

は

萩乃薫 光國本店 〒758-0034 山口県萩市熊谷町42 tel.0838(22)0239
蓮子餅 * たねや 〒523-8585 滋賀県近江八幡市宮内町日牟禮ヴィレッジ tel.0120(559)160
花橘 * 京都鶴屋鶴寿庵 〒604-8821 京都府京都市中京区壬生梛ノ宮町24 tel.075(841)0751
花団子 * 河藤 〒543-0051 大阪府大阪市天王寺区四天王寺1-9-21 tel.06(6771)6906
葩餅 * 茶の湯菓子処 源太 〒169-0073 東京都新宿区百人町2-5-5 tel.03(3368)0826
花見団子 * 末広屋一祐 〒542-0062 大阪府大阪市中央区上本町西2-4-14 tel.06(6761)5096
春の野 * 松屋常磐 〒604-0802 京都府京都市中京区堺町通丸太町下る橋町83 tel.075(231)2884
春の路 * 太市 〒152-0012 東京都目黒区洗足1-24-22 tel.03(3712)8940
雛菓子 * 東海 〒103-0013 東京都中央区日本橋人形町1-16-12 tel.03(3666)7063
飄々 亀屋良永 〒604-8091 京都府京都市中京区寺町通御池下る下本能寺前町504 tel.075(231)7850
風流団喜 * 末富 〒600-8427 京都府京都市下京区松原通室町東入玉津島町295 tel.075(351)0808
福梅 * 長門 〒103-0027 東京都中央区日本橋3-1-3 tel.03(3271)8662
福梅 * 塩瀬総本家 〒104-0044 東京都中央区明石町7-14 tel.03(3541)0776
福寿草 * 鶴屋八幡 本店 〒541-0042 大阪府大阪市中央区今橋4-4-9 tel.06(6203)7281
福徳せんべい * 落雁 諸江屋 〒921-8031 石川県金沢市野町1-3-59 tel.076(245)2854
福ハ内 * 鶴屋吉信 本店 〒602-8434 京都府京都市上京区今出川通堀川西入西船橋町340-1 tel.075(441)0105
「福よ、来い！」* とらや 〒107-8401 東京都港区赤坂4-9-22 tel.0120(45)4121
ポインセチア * 鶴屋吉信 本店 〒602-8434 京都府京都市上京区今出川通堀川西入西船橋町340-1 tel.075(441)0105
ホワイトクリスマス * 末富 〒600-8427 京都府京都市下京区松原通室町東入玉津島町295 tel.075(351)0808
本饅頭 塩瀬総本家 〒104-0044 東京都中央区明石町7-14 tel.03(3541)0776

草の春 *　京都鶴屋鶴寿庵　〒604-8821 京都府京都市中京区壬生梛ノ宮町24 tel.075(841)0751

葛ふくさ *　菊寿堂義信　〒541-0043 大阪府大阪市中央区高麗橋2-3-1 tel.06(6231)3814

栗きんとん *　すや　〒508-0038 岐阜県中津川市新町2-40 tel.0573(65)2078

黒松　黒松本舗 草月　〒114-0001 東京都北区東十条2-15-16 tel.03(3914)7530

紅梅 *　さゝま　〒101-0051 東京都千代田区神田神保町1-23 tel.03(3294)0978

紅梅 *　茶の湯菓子処 源太　〒169-0073 東京都新宿区百人町2-5-5 tel.03(3368)0826

光琳梅 *　花乃舎　〒511-0088 三重県桑名市南魚町88 tel.0594(22)1320

古賀音だんご　ふるや古賀音庵　〒151-0072 東京都渋谷区幡ヶ谷3-2-4 tel.03(3378)3003

越乃雪　越乃雪本舗 大和屋　〒940-0072 新潟県長岡市柳原町3-3 tel.0258(35)3533

御所氷室 *　鶴屋吉信　本店　〒602-8434 京都府京都市上京区今出川通堀川西入西船橋町340-1 tel.075(441)0105

小鯛焼　桃林堂　青山店　〒107-0061 東京都港区北青山3-6-12 tel.03(3400)8703

ごんぼ餅 *　本家月餅家 直正　〒604-8001 京都府京都市中京区木屋町通三条上る上大阪町530 tel.075(231)0175

さ

小男鹿　冨士屋　〒770-8063 徳島県徳島市南二軒屋町1-1-18 tel.088(623)1118

さくら *　花乃舎　〒511-0088 三重県桑名市南魚町88 tel.0594(22)1320

桜の園 *　松華堂菓子舗　〒475-0887 愛知県半田市御幸町103 tel.0569(21)0046

笹 *　亀屋伊織　〒604-0013 京都府京都市中京区二条新町東入ル tel.075(231)6473

笹巻き麩　麩嘉　〒602-8031 京都府京都市上京区西洞院通椹木町上る東裏辻町413 tel.075(231)1584

さまざま桜　紅梅屋　〒518-0861 三重県伊賀市上野東町2936 tel.0595(21)0028

したゝり　亀廣永　〒604-8116 京都府京都市中京区高倉通蛸薬師上る和久屋町359 tel.075(221)5965

柴の雪 *　松屋常磐　〒604-0802 京都府京都市中京区堺町通丸太町下る橘町83 tel.075(231)2884

しほみ饅頭　総本家かん川　新田店　〒678-0255 兵庫県赤穂市新田812-2 tel.0791(45)7333

志'満ん草餅　志'満ん草餅　〒131-0034 東京都墨田区堤通1-5-9 tel.03(3611)6831

生姜甘納豆　秋山商店　築地店　〒104-0045 東京都中央区築地4-7-5共栄会ビル１Ｆ tel.03(3541)0563

白露ふうき豆　山田家　〒990-0043 山形県山形市本町1-7-30 tel.023(622)6998

水仙 *　鶴屋八幡　本店　〒541-0042 大阪府大阪市中央区今橋4-4-9 tel.06(6203)7281

水仙粽 *　川端道喜　〒606-0847 京都府京都市左京区下鴨南野々神町2-12 tel.075(781)8117

すみだ川　東海　〒103-0013 東京都中央区日本橋人形町1-16-12 tel.03(3666)7063

西王母 *　京都鶴屋鶴寿庵　〒604-8821 京都府京都市中京区壬生梛ノ宮町24 tel.075(841)0751

清浄歓喜団　亀屋清永　〒605-0074 京都府京都市東山区祇園町南側534 tel.075(561)2181

雪中梅 *　みさきや　〒151-0063 東京都渋谷区富ヶ谷2-17-7 tel.03(3467)8468

千里の風　とらや　〒107-8401 東京都港区赤坂4-9-22 tel.0120(45)4121

そば餅　本家尾張屋　〒604-0841 京都府京都市中京区車屋町通二条下る仁王門突抜町322 tel.075(231)3446

た

たい菓子　有職たい菓子本舗. 天音　〒180-0004 東京都武蔵野市吉祥寺本町1-1-9 tel.0422(22)3986

だまこ餅　セキト　〒016-0817 秋田県能代市上町12-2 tel.0185(54)3131

蝶々 *　塩芳軒　〒602-8235 京都府京都市上京区黒門通中立売上る飛弾殿町180 tel.075(441)0803

索引

＊は、季節限定のお菓子です。

あ

青楓 ＊　塩芳軒　〒602-8235 京都府京都市上京区黒門通中立売上る飛弾殿町180 tel.075(441)0803

青葉蔭 ＊　萬年堂本店　〒104-0061 東京都中央区銀座8-11-9 tel.03(3571)3777

紫陽花餅 ＊　茶の湯菓子処 源太　〒169-0073 東京都新宿区百人町2-5-5 tel.03(3368)0826

飛鳥の蘇　西井牧場生乳加工販売所　〒634-0022 奈良県橿原市南浦町877 tel.0744(22)5802

嵐山 さ久ら餅　鶴屋寿　嵐山店　〒616-8385 京都府京都市右京区嵯峨天龍寺芒ノ馬場町22 tel.075(862)0860

あわ雪　備前屋　〒444-0038 愛知県岡崎市伝馬通2-17 tel.0120(234)232

石衣の梅　東海　〒103-0013 東京都中央区日本橋人形町1-16-12 tel.03(3666)7063

芋羊羹 ＊　田端 土佐屋　〒114-0014 東京都北区田端2-9-1 tel.03(3821)4913

岩根の錦 ＊　とらや　〒107-8401 東京都港区赤坂4-9-22 tel.0120(45)4121

うぐいす ＊ 塩埜　〒111-0032 東京都台東区浅草3-28-9 tel.03(3874)2186

薄紅　おきな屋　〒030-0801 青森県青森市新町2-8-5 tel.0120(42)1430

うすらひ ＊　名古屋 亀末廣　〒460-0003 愛知県名古屋市中区錦3-14-5 tel.052(951)8400

梅 ＊　塩芳軒　〒602-8235 京都府京都市上京区黒門通中立売上る飛弾殿町180 tel.075(441)0803

梅が香 ＊　鶴屋吉信　本店　〒602-8434 京都府京都市上京区今出川通堀川西入西船橋町340-1 tel.075(441)0105

梅の羊羹 ＊　東海　〒103-0013 東京都中央区日本橋人形町1-16-12 tel.03(3666)7063

梅干　菊寿堂義信　〒541-0043 大阪府大阪市中央区高麗橋2-3-1 tel.06(6231)3814

笑顔 ＊　京都鶴屋鶴寿庵　〒604-8821 京都府京都市中京区壬生梛ノ宮町24 tel.075(841)0751

桜花 ＊　河藤　〒543-0051 大阪府大阪市天王寺区四天王寺1-9-21 tel.06(6771)6906

御鎌餅　大黒屋鎌餅本舗　〒602-0803 京都府京都市上京区寺町通今出川上る4丁目阿弥陀寺前町西入ル25 tel.075(231)1495

おかめまんじゅう ＊　塩芳軒　〒602-8235 京都府京都市上京区黒門通中立売上る飛弾殿町180 tel.075(441)0803

織部饅頭　大坂家　〒108-0073 東京都港区三田3-1-9 tel.03(3451)7465

か

貝ちょっき　ちょっき屋　〒907-0022 沖縄県石垣市大川208 2階 tel.0980(88)7608

かいちん　石川屋本舗　〒920-0059 石川県金沢市示野町西22 tel.076(268)1120

貝尽くし ＊　亀廣保　〒604-0021 京都府京都市中京区室町通二条下る蛸薬師町288 tel.075(231)6737

楓 ＊　俵屋吉富　〒602-0029 京都府京都市上京区室町通上立売上ル tel.075(432)2211

かゞり焼鮎　奈良屋本店　〒500-8069 岐阜県岐阜市今小町18 tel.058(262)0067

柿じょうよ ＊　風流堂　〒690-0061 島根県松江市白潟本町15 tel.0852(21)2344

春日の豆　植村義次　〒604-0867 京都府京都市中京区丸太町烏丸西入常真横町193 tel.075(231)5028

かぼちゃ ＊　桃林堂　青山店　〒107-0061 東京都港区北青山3-6-12 tel.03(3400)8703

加茂みたらし団子　亀屋粟義　〒606-0802 京都府京都市左京区下鴨宮崎町17 tel.075(781)1460

観世水 ＊　俵屋吉富　〒602-0029 京都府京都市上京区室町通上立売上ル tel.075(432)2211

寒椿 ＊　塩埜　〒111-0032 東京都台東区浅草3-28-9 tel.03(3874)2186

菊寿糖　鍵善良房　〒605-0073 京都府京都市東山区祇園町北側264 tel.075(561)1818

着せ綿 ＊　茶の湯菓子処 源太　〒169-0073 東京都新宿区百人町2-5-5 tel.03(3368)0826

きつね面　梅津菓子店　〒997-0034 山形県鶴岡市本町2-8-16 tel.0235(22)7348

銀杏 ＊　紫野源水　〒603-8167 京都府京都市北区小山西大野町78-1 tel.075(451)8857

空也もなか　空也　〒104-0061 東京都中央区銀座6-7-19 tel.03(3571)3304

あとがき

さて、本のタイトルは何にしようかと夜中に考えていたら、自分でも吹き出してしまいそうなのを思いついた。

後日、この本のアートディレクターのナガクラトモヒコさんに、「どんなタイトルを考えていると思う?」と問いかけたら、「アンドレ ワガシ!」と即答され、大正解で大笑い。

同じ質問を友人のお坊さん上杉清文上人にしたら、「矢切の和菓子」と返ってきて、また大笑い。

今度は、アートディレクターの坂川栄治さんにも同様に。

そうするとやや考えて、「まんじゅうと厨子王」ときた。

いやあ笑いましたよ。

しかしリトルモア編集部で「アンドレ　ワガシ」は大反対され、社長の孫家邦さんに命名された「イノモト和菓子帖」に決定。たまには人の意見も聞いてみないか、と。

この本にたずさわってくださったすべての人に、愛と感謝を、そしてあんこの甘さを。

和菓子を食べよう!

二〇〇五年五月大吉日
猪本典子

イノモト和菓子帖

著者　猪本典子

発行日　初版第1刷　2005年6月25日
　　　　　　第2刷　2008年4月4日

アートディレクション　ナガクラトモヒコ
デザイン　八島明子
製作進行　守屋その子
編集　大嶺洋子、田中祥子
発行人　孫家邦
発行所　株式会社リトルモア
〒151-0051　東京都渋谷区千駄ヶ谷3-56-6
tel.03-3401-1042　fax.03-3401-1052
http://www.littlemore.co.jp

印刷・製本　図書印刷株式会社

© Inomoto Noriko／Little More
Printed in Japan
ISBN978-4-89815-152-5　C0077